油气储运企业高风险作业安全检查系列丛书

临时用电作业安全检查

国家管网集团东部原油储运有限公司　组织编写

中国石化出版社

图书在版编目（CIP）数据

临时用电作业安全检查 / 国家管网集团东部原油储运有限公司组织编写 . — 北京：中国石化出版社，2022.10

（油气储运企业高风险作业安全检查系列丛书）

ISBN 978-7-5114-6802-4

Ⅰ. ①临… Ⅱ. ①国… Ⅲ. ①石油与天然气储运 - 安全用电 - 安全检查 - 技术培训 - 教材 Ⅳ. ① TE88

中国版本图书馆 CIP 数据核字（2022）第 155869 号

中国石化出版社出版发行

地址：北京市东城区安定门外大街 58 号

邮编：100011　电话：（010）57512500

发行部电话：（010）57512575

http：//www.sinopec-press.com

E-mail：press@sinopec.com

北京富泰印刷有限责任公司印刷

全国各地新华书店经销

*

787×1092 毫米 32 开本 2.0 印张 37 千字

2023 年 9 月第 1 版　2023 年 9 月第 1 次印刷

定价：20.00 元

《油气储运企业高风险作业安全检查系列丛书》

编委会

《临时用电作业安全检查》

编审人员

主　编：王兢兢　徐　岩　崔志伟

审　核：徐　芳　刘英剑

前言

在正式运行的电源上所接的非永久性用电称为临时用电。非标准配置的临时用电线路是指除按标准成套配置的，有插头、连线、插座的专用接线排和接线盘以外的，所有其他用于临时性用电的电气线路，包括电缆、电线、电气开关、设备等（简称临时用电线路）。

在油气储运企业，临时用电作业如今广泛应用于储油罐建设、设备维修、装置清洗、土建施工作业中。为了规范临时用电的使用及检查、安装、拆除过程，确保施工用电安全，统一现场监护人员认识，国家管网集团东部原油储运有限公司根据 GB 50194—2014《建设工程施工现场供用电安全规范》、GB 7251—2013《低压成套开关设备和控制设备》、JGJ 46—2005《施工现场临时用电安全技术规范》及《国家管网集团作业许可安全管理细则》等相关标准和企业制度及现场情况组织业内专家编写了本书，以便对公司区域范围内临时用电作业的安装、使用、拆除、检查环节进行标准化、规范化管理。

本书适用于油气储运企业工程建设方、监理、承包商从事临时用电的相应管理工作人员参考，也适用于各级安全监管部门、专业安全管理部门及施工单位对施工现场临时用电的监督和检查人员参考。

目 录

第一章 临时用电作业通用规定

（1）临时用电作业人员必须持证作业。

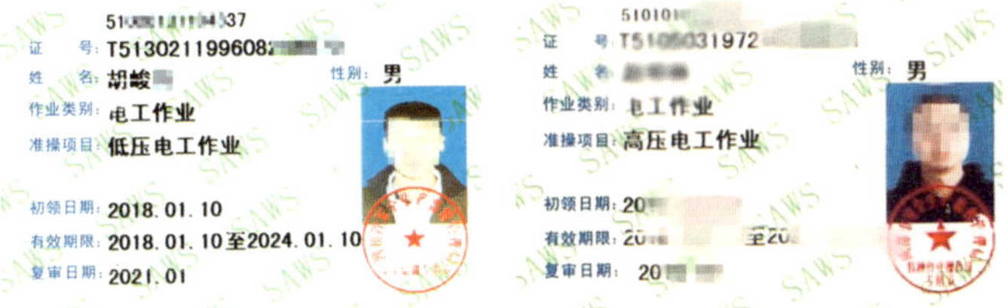

（2）施工临时用电工程专用的电源中性点直接接地的 220V/380V 三相四线制低压电力系统，必须符合下列规定：①采用三级配电系统；②采用 TN–S 接零保护系统；③采用二级漏电保护系统。

（3）临时用电作业必须办理《临时用电安全作业票》，凭票作业。

临时用电安全作业票

编号：

作业申请单位	基层单位	作业申请人	基层单位业务管理人员
作业申请时间	2022年8月1日6时0分	作业地点	××罐区××储罐
作业内容	使用电焊机焊接护栏	电源接入点及许可用电功率	××配电箱，500kW
工作电压	380V	用电设备名称及额定功率	电焊机，30kW
作业监护人	基层单位业务管理人员	用电人	使用电气设备作业人员
作业人	基层单位业务管理人员	电工编号	××××
关联的作业许可证和其他特殊作业安全作业票编号	涉及吊装、动火		
风险辨识结果（符合“√”）	□爆炸 □火灾 □灼伤 □烫伤 □机械伤害 □中毒 □辐射 □触电 □泄漏 □窒息 □坠落 □落　物 □掩埋 □噪声 其他：		
临时用电作业前可燃气体分析（运行的生产装置、罐区和具有火灾爆炸危险场所）			
气体检测时间	分析点	分析人	可燃气体浓度（LEL）

序号	安全措施	是否涉及（已落实打√，不涉及打×）	确认人
1	作业人员持有电工作业操作证	√	双方监护人（下同）
2	在防爆场所使用的临时电源、元器件和线路达到相应的防爆等级要求	×	
3	上级开关已断电、加锁，并挂安全警示标牌		
4	临时用电的单相和混用线路要求按照TN-S三相五线制方式接线		
5	临时用电线路如架高敷设，在作业现场敷设高度应不低于2.5m，跨越道路高度应不低于5m		
6	临时用电线路如沿墙面或地面敷设，已沿建筑物墙体根部敷设，穿越道路或其他易受机械损伤的区域，已采取防机械损伤的措施；在电缆敷设路径附近，已采取防止火花损伤电缆的措施		
7	临时用电线路架空进线不用采用裸线		
8	暗管埋设及地下电缆线路敷设时，已备好“走向标志”和“安全标志”等标志桩，电缆埋深要求大于0.7m		
9	现场临时用电配电盘、箱配有防雨措施，并可靠接地		
10	临时用电设施已装配漏电保护器，移动工具、手持工具已采取防漏电安全措施（一机一闸一保护）		

（4）进行临时用电作业操作时必须两人在场，一人操作，一人监护。

（5）在安装、拆除、维修临时用电线路时，其上级开关应断电、上锁、挂牌。

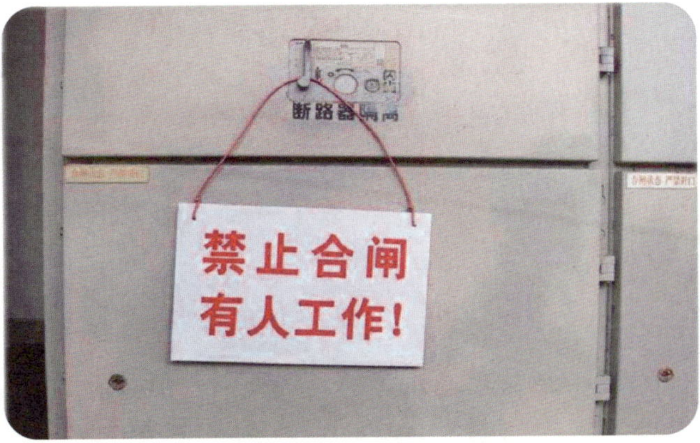

（6）每日由专业电工对临时用电设备、设施进行检查，重点检查各相线绝缘情况及线路有无破损。临时用电的漏电保护器每天使用前必须进行漏电保护试验。

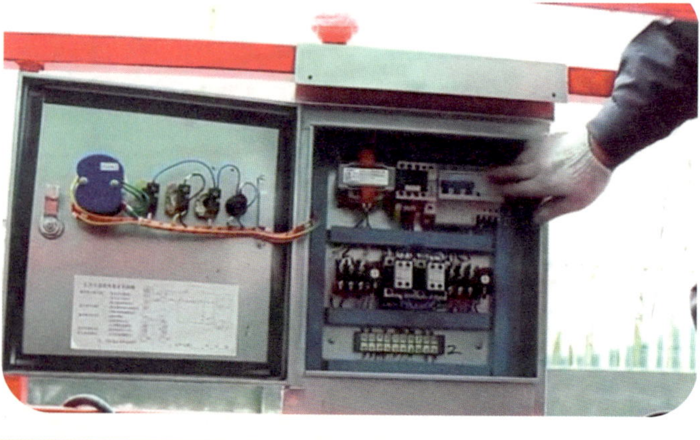

（7）对每次进行的临时用电作业设备、设施检查情况要做好巡检记录，巡检记录放置于临时用电作业现场。

（8）防爆配电箱电气设备多余的电缆引入孔应使用适合于相关防爆型式的堵塞元件进行堵封，堵塞元件按规范紧固，且盖板紧固螺栓齐全、紧固。

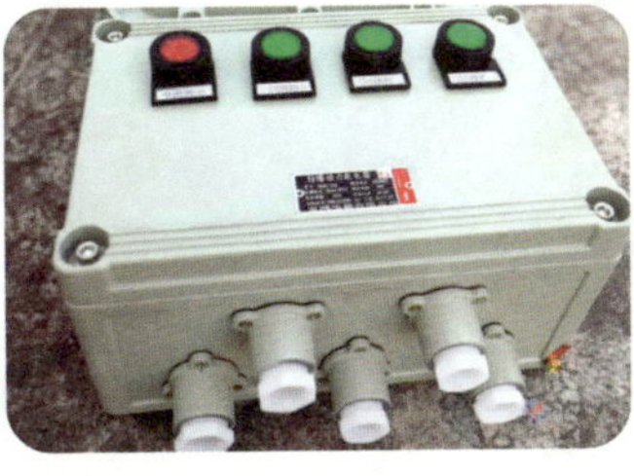

（9）GB 50194—2014《建设工程施工现场供用电安全规范》中第 4.0.4 条、第 8.1.10 条、第 8.1.12 条、第 10.2.4 条、第 10.2.7 条、第 11.2.3 条、第 11.4.2 条为强制性条文，必须严格执行。具体要求如下：

第 4.0.4 条：发电机组电源必须与其他电源互相闭锁，严禁并列运行。

第 8.1.10 条：保护导体（PE）上严禁装设开关或熔断器。

第 8.1.12 条：严禁利用输送可燃液体、可燃气体或爆炸性气体的金属管道作为电气设备的接地保护导体（PE）。

第 10.2.4 条：严禁利用额定电压 220V 的临时照明灯具作为行灯使用。

第 10.2.7 条：行灯变压器严禁带入金属容器或金属管道内使用。

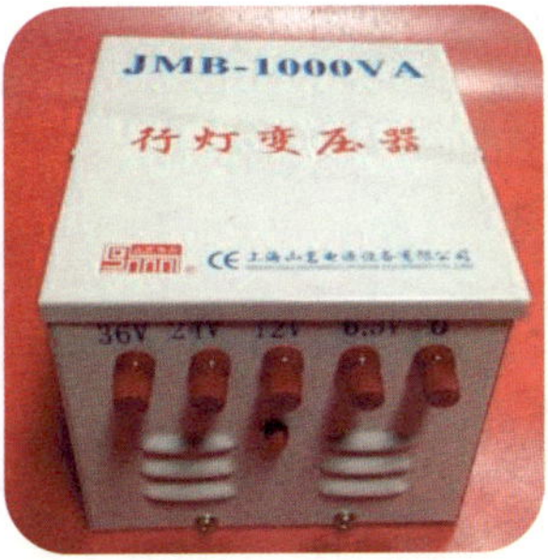

第 11.2.3 条：在易燃、易爆区域内进行用电设备检修或更换工作时，必须断开电源，严禁带电作业。

第 11.4.2 条：在潮湿环镜中严禁带电进行设备检修工作。

（10）GB 50194—2014《建设工程施工现场供用电安全规范》规定：临时用电设备在 5 台及 5 台以上或设备总容量在 50kW 及 50kW 以上者，应编制《临时用电施工组织设计》。《临时用电施工组织设计》应由专业电气工程师编制，经基层单位负责人审批后实施。

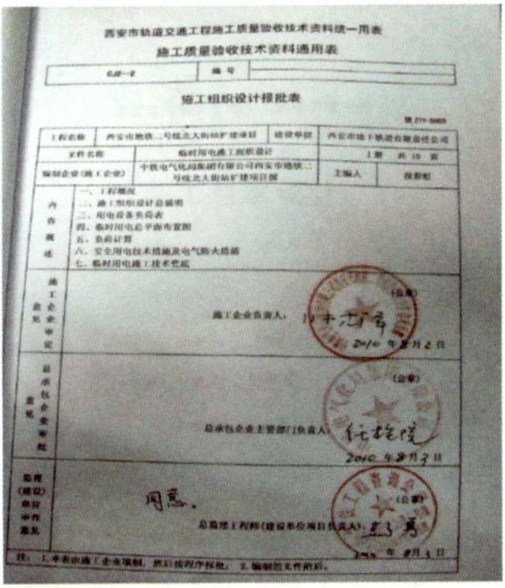

西安市轨道交通工程施工质量验收技术资料统一用表

施工质量验收技术资料通用表

施工组织设计报批表

工程名称	西安市地铁二号线北大街站扩建项目	建设单位	西安市地下铁道有限责任公司
文件名称	临时用电施工组织设计	1 册　共 [illegible] 页	
编制企业（施工企业）	中铁电气化局集团有限公司西安市地铁二号线北大街站扩建项目部	主编人	[illegible]
内容概述	一、工程概况 二、施工组织设计总说明 三、用电设备负荷表 四、临时用电总平面布置图 五、负荷计算 六、安全用电技术措施及电气防火措施 七、临时用电施工技术交底		
施工企业审定意见	（公章） 施工企业负责人： 2010 年 8 月 2 日		
总承包企业审批意见	（公章） 总承包企业主管部门负责人： 2010 年 8 月 3 日		
监理（建设）单位审查意见	同意。 （公章） 总监理工程师（建设单位项目负责人）： 年 8 月 3 日		

注：1. 本表由施工企业填制，然后按程序报批。2. 编制的文件附后。

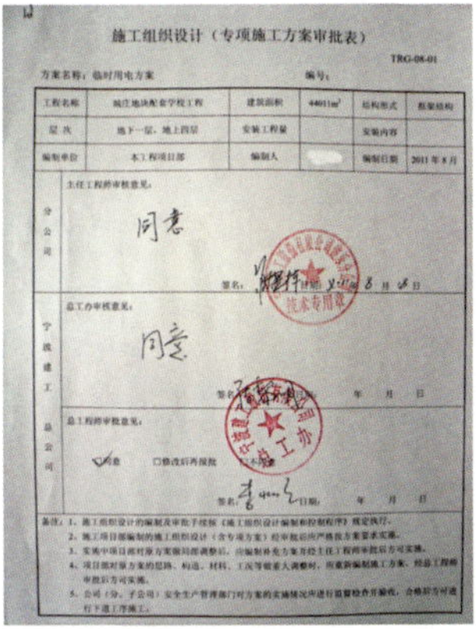

施工组织设计（专项施工方案审批表）

TRG-08-01

方案名称：临时用电方案　　编号：

工程名称	[illegible]地块配套学校工程	建筑面积	44011m²	结构形式	框架结构
层次	地下一层，地上四层	安装工程量		安装内容	
编制单位	本工程项目部	编制人		编制日期	2011 年 8 月
分公司	主任工程师审核意见： 同意 签名：　日期：　8 月　日				
宁波建工	总工办审核意见： 同意 签名：　年　月　日				
总公司	总工程师审批意见： ☑同意　□修改后再报批　□不同意 签名：　日期：　年　月　日				

备注：1. 施工组织设计的编制及审批予按照《施工组织设计编制和控制程序》规定执行。
2. 施工项目部编制的施工组织设计（含专项方案）经审批后应严格按方案要求实施。
3. 实施中项目部对原方案做局部调整后，应编制补充方案并经主任工程师审批后方可实施。
4. 项目部对原方案的思路、构造、材料、工况等做重大调整时，应重新编制施工方案，经总工程师审批后方可实施。
5. 公司（分、子公司）安全生产管理部门对方案的实施情况中进行监督检查并验收，合格后方可进行下道工序施工。

（11）临时用电方案中需提供线路平面布置图、电路图、用电设备关系图，其中电路图、用电设备关系图放置在现场。

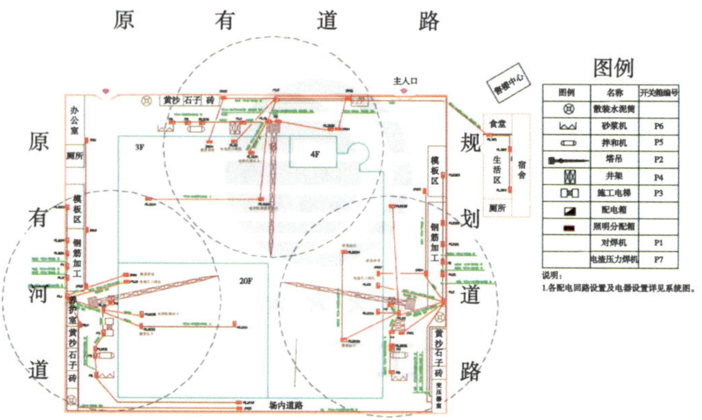

施工现场临时用电平面布置图表

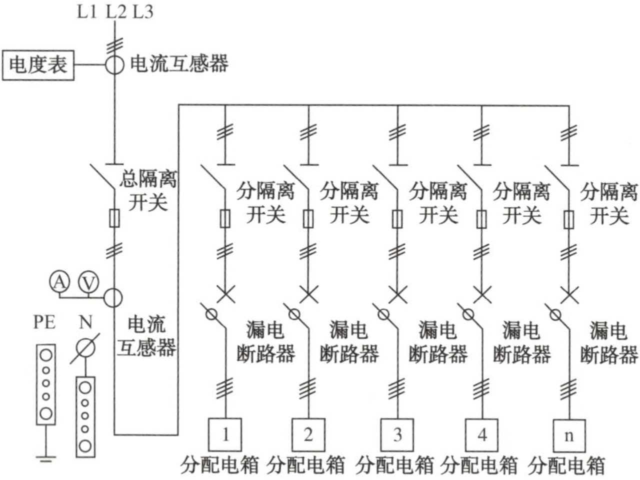

电路图

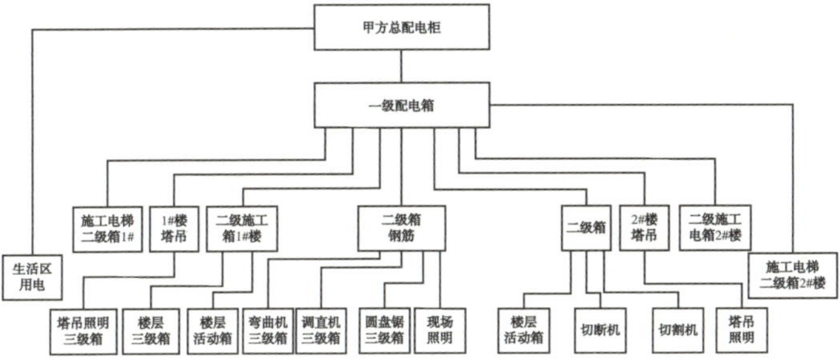

用电设备关系图

（12）施工现场各级配电箱应分级编号，标识清楚，分级上锁管理。电工必须持证上岗；巡查出的安全隐患应及时向负责人报告，负责人应及时采取相应措施。

（13）配电箱、开关箱应采用由专业厂家生产的定型化产品，应符合 GB/T 7251.4—2017《低压成套开关设备和控制设备 第 4 部分：对建筑工地用成套设备（ACS）的特殊要求》、JGJ 46—2005《施工现场临时用电安全技术规范》和 JGJ 59—2011《建筑施工安全检查标准》的要求，并取得“3C”认证证书，配电箱内使用的隔离开关、漏电保护器及绝缘导线等电气元件也必须取得“3C”认证。

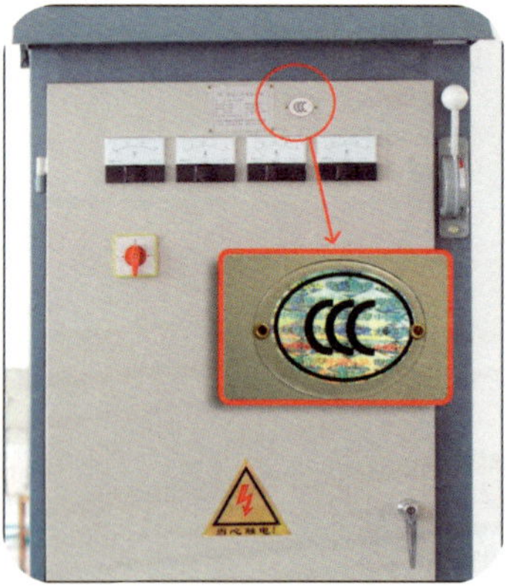

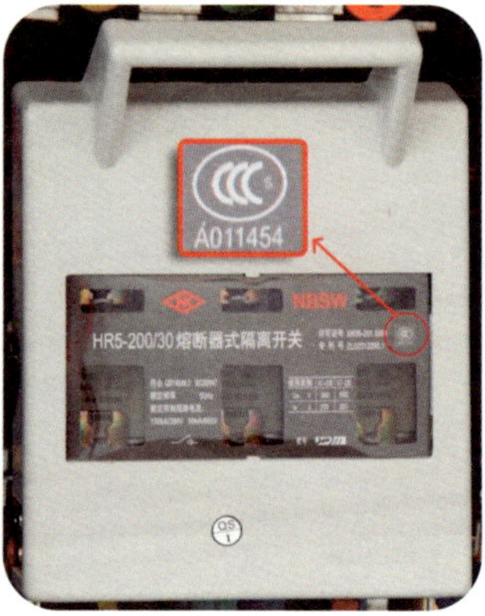

（14）安装临时用电线路的人员需按规定穿戴和配备相应的劳动保护用品，工作服、绝缘手套、绝缘鞋要符合规范要求。

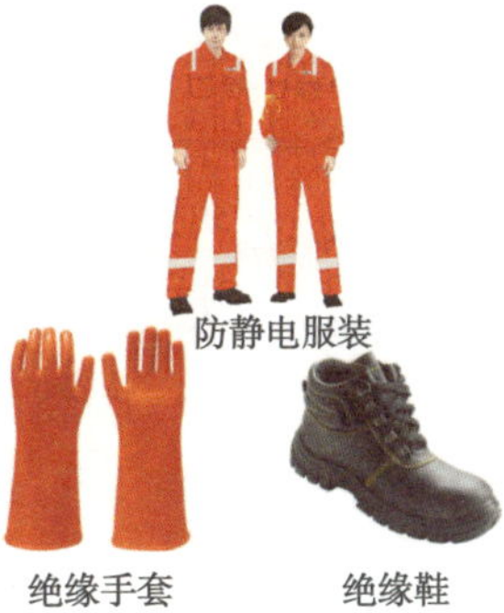

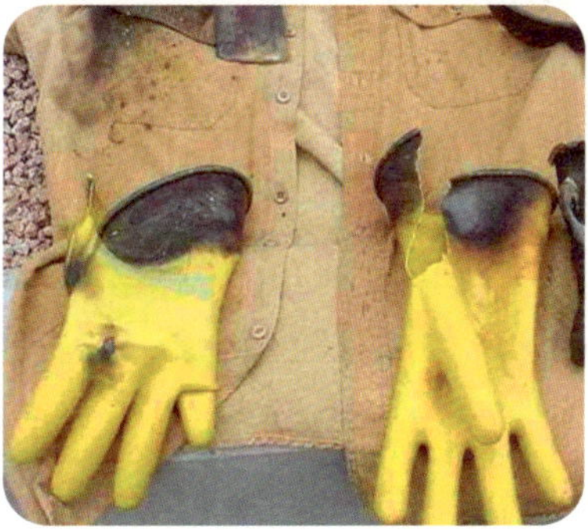

（15）在建工程（含脚手架）的周边与外电架空线路的边线之间的最小安全操作距离应符合以下规定。

外电线路电压等级 /kV	＜1	1~10	35~110	220	330~500
最小安全操作距离 /m	4.0	6.0	8.0	10.0	15.0

（16）施工现场的机动车道与外电架空线路交叉时，架空线路的最低点与路面的最小垂直距离应符合以下规定。

外电线路电压等级 /kV	＜1	1~10	35
最小垂直距离 /m	6.0	7.0	8.0

（17）起重机严禁越过无防护设施的外电架空线路作业。在外电架空线路附近吊装时，起重机的任何部位或被吊物边缘在最大偏斜时与架空线路边线的最小安全距离应符合以下规定。

电压 /kV		<1	10	35	110	220	330	500
安全距离 /m	沿垂直方向	1.5	3.0	4.0	5.0	6.0	7.0	8.5
	沿水平方向	1.5	2.0	3.5	4.0	6.0	7.0	8.5

（18）带电设备与人体（工作人员）正常活动范围的安全距离见下表。

电压 /kV	≤10	20~35	44	60~110	220	330	500
安全距离 /m	0.35	0.6	0.9	1.5	3	4	5

（19）配电箱应采用工具式防护棚防护，防护棚由型钢或钢管制作，稳固安置在混凝土承台上，承台中部留置 400mm 宽沟槽，防护棚内操作控件符合规范要求；顶部采用双层硬防护（间距 500mm），顶部防砸防雨，底部防雨，操作面铺设绝缘踏板或胶垫，外侧配备消防器材。

配电箱防护棚示意图

（20）施工现场开挖沟槽边缘与外电埋地电缆沟槽之间的距离不得小于 0.5m。

（21）电缆中必须包含全部工作芯线和用作保护零线或保护线的芯线。需要三相四线制配电的电缆线路必须采用五芯电缆。五芯电缆必须包含淡蓝、绿 / 黄两种颜色绝缘芯线。淡蓝色芯线必须用作 N 线；绿 / 黄双色芯线必须用作 PE 线，严禁混用。

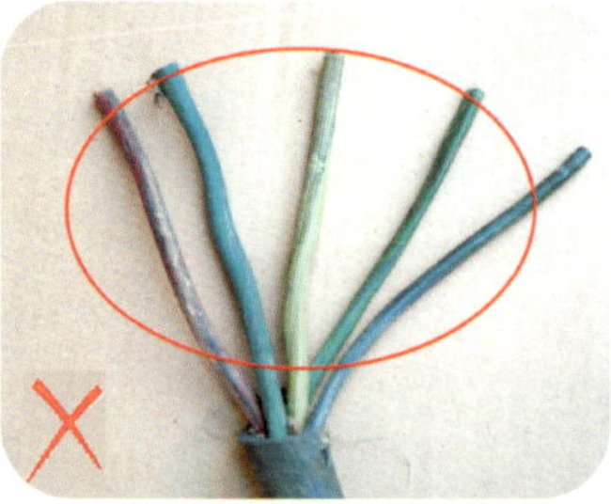

电缆芯线绝缘颜色不符合规范要求（错误）

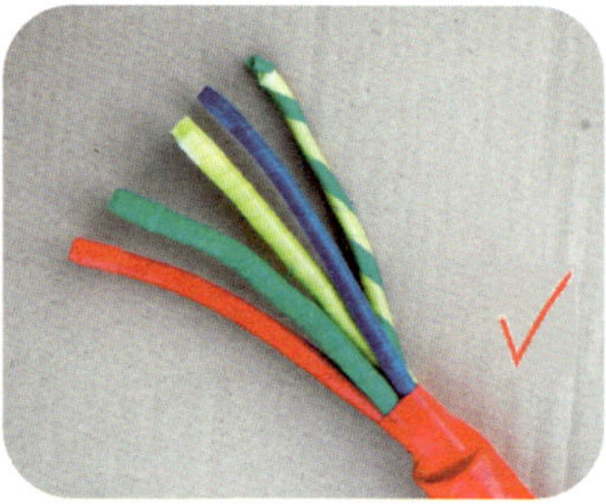

电缆芯线绝缘颜色

第二章

临时用电线路的布设

一、架空敷设

（1）使用脚手架材料搭设悬空支架时要做好绝缘隔离。

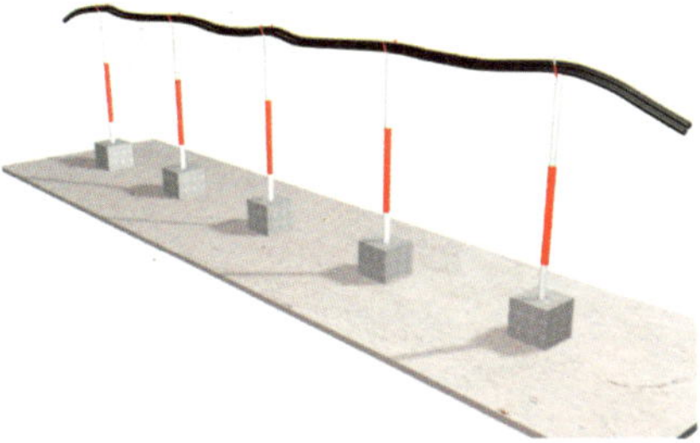

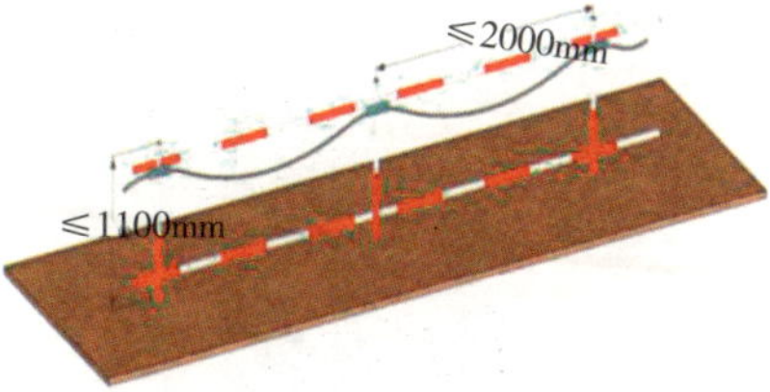

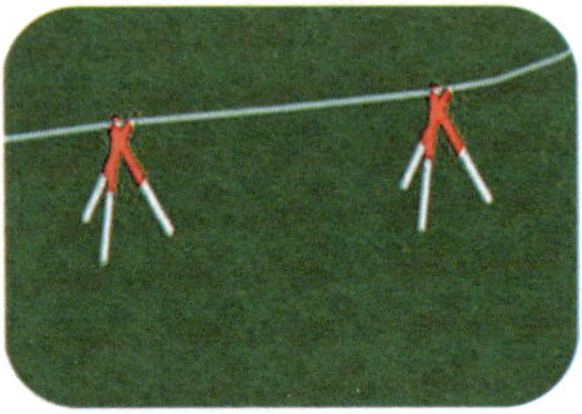

（2）架空敷设线路其最大弧垂与地面距离，在作业现场不低于 2.5m，穿越机动车道不低于 5m。

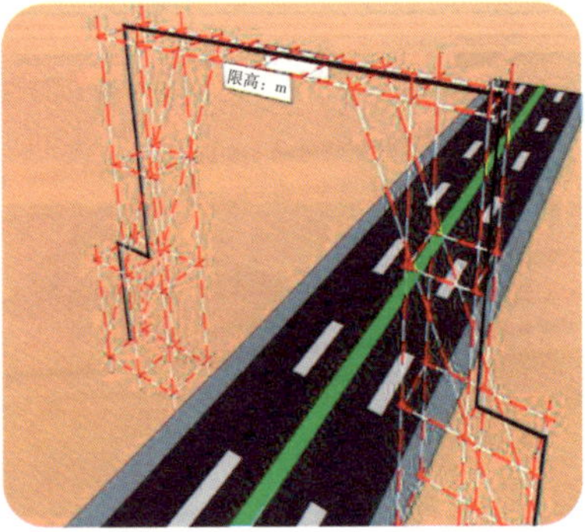

（3）架空电缆严禁沿脚手架、树木或其他设施敷设。

二、跨路敷设

（1）跨路敷设时应对电缆做防碾压处理，使用槽钢或钢管对电缆进行保护，同时两端要固定。

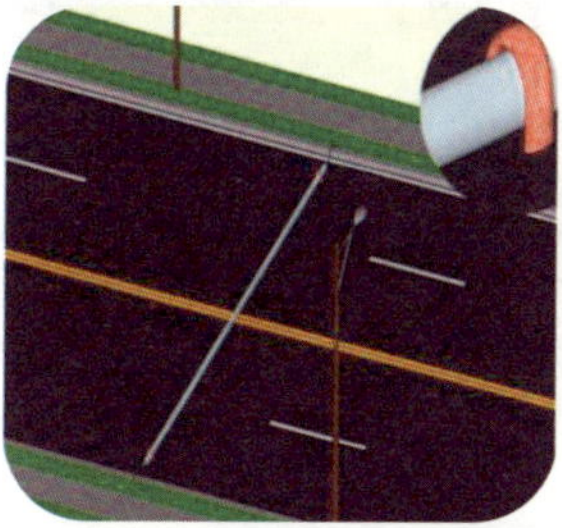
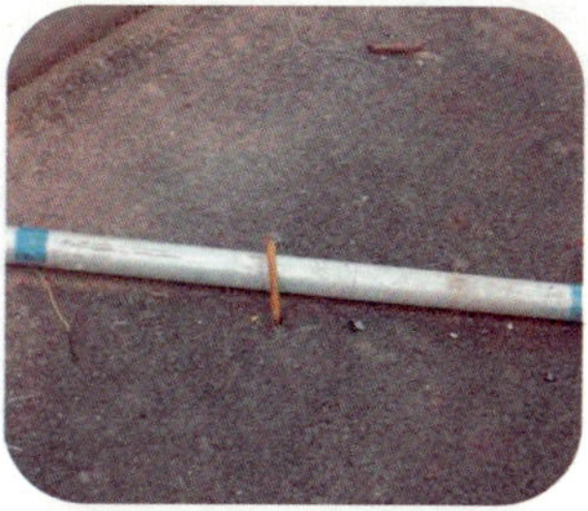
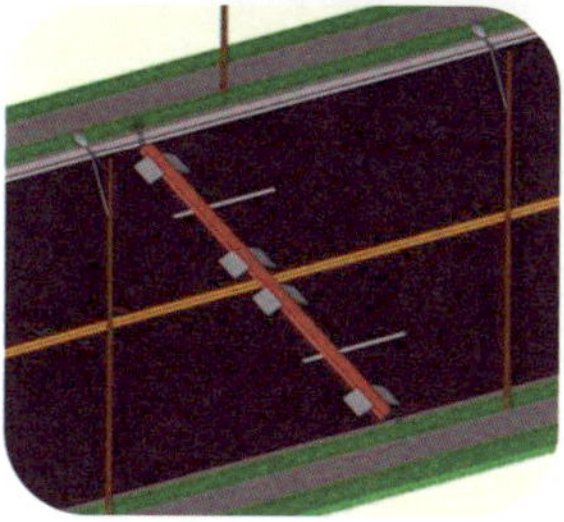

（2）跨路敷设时也可采用成品过路保护设施对电缆进行保护，在选用时要注意成品过路保护设施的承载吨位及所要防护电缆的直径。

三、埋地敷设

埋地敷设时，电缆埋地深度不应小于0.7m，地面应设置明显走向标识。

第三章 配电箱与开关箱

（1）配电系统应设置配电柜或总配电箱、分配电箱、开关箱，实行三级配电两级保护，各级配电箱中均应安装漏电保护器。

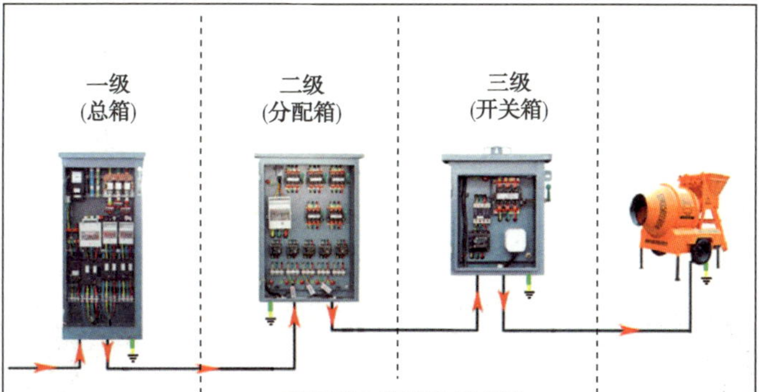

三级配电两级保护示意图

（2）移动式配电箱、开关箱应装设在坚固、稳定的支架上，中心点与地面的垂直距离应为0.8~1.6m。固定式配电箱、开关箱的中心点与地面的垂直距离应为

1.4~1.6m，安装应平正、牢固；户外落地安装的配电箱、柜应设置在平稳牢固基础上，其底部离地面不应少于 0.2m。

固定在支架上的分配电箱

开关箱无支架直接放置在地面上（错误）

（3）配电箱、开关箱周围应有足够两人同时工作的空间和通道，不得堆放任何妨碍操作、维修的物品，不得有灌木、杂草。

配电箱前有足够的操作空间（四周有防护）

配电箱前有杂物堆放（错误）

（4）每台用电设备必须有各自专用的开关，严禁用同一个开关直接控制两台及两台以上的用电设备。

（5）配电箱的电气安装板上必须设 N 线端子板和 PE 线端子板。N 线端子板必须与金属电气安装板绝缘；PE 线端子板必须与金属电气安装板做电气连接。进出线中的 N 线必须通过 N 线端子板连接；PE 线必须通过 PE 线端子板连接。

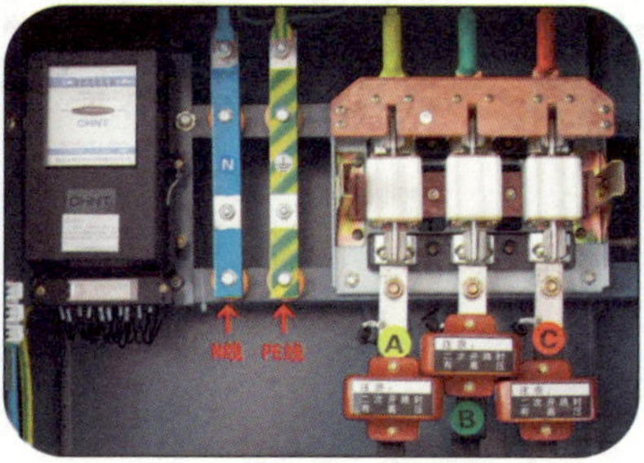

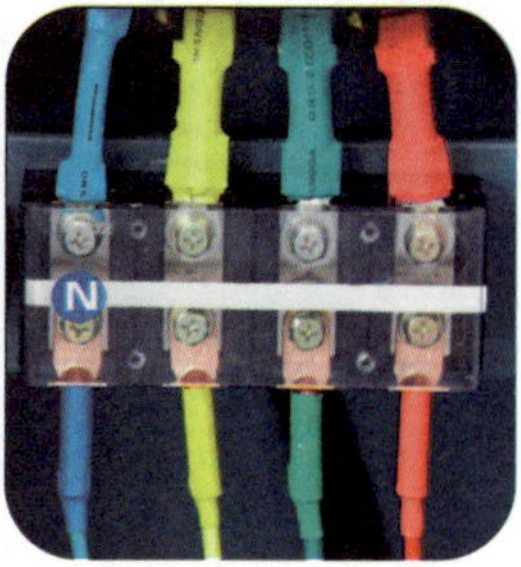

（6）配电箱、开关箱的进线口应设置在箱体的底面，进、出线应加绝缘护套并成束卡固在箱体上，不得与箱体直接接触。多余的进线孔洞应采取措施封堵。

配电箱出线口处的橡胶防护圈

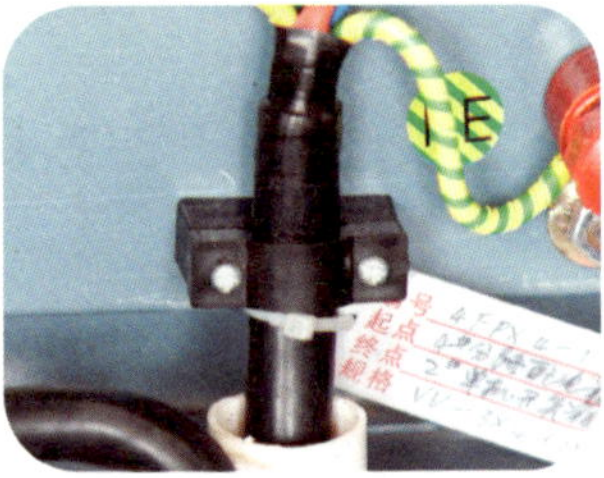

配电箱出线的固定线卡

（7）开关箱上每台控制开关要标明所控制用电设备的名称及编号。

（8）临时用电设施应做到“一机一闸一保护”，开关箱和移动式、手持式电动工具应安装符合规范要求的漏电保护器。

（9）每日作业完毕后要断电，按照开关箱—分配电箱—总配电箱的顺序断电；送电时按照总配电箱—分配电箱—开关箱的顺序送电，严禁带负荷开关电闸。

（10）配电箱、开关箱的金属箱体、金属电气安装板以及电气正常不带电的金属底座、外壳等必须通过 PE 线端子板与 PE 线做电气连接，金属箱门与金属体通过编织软铜线做电气连接。

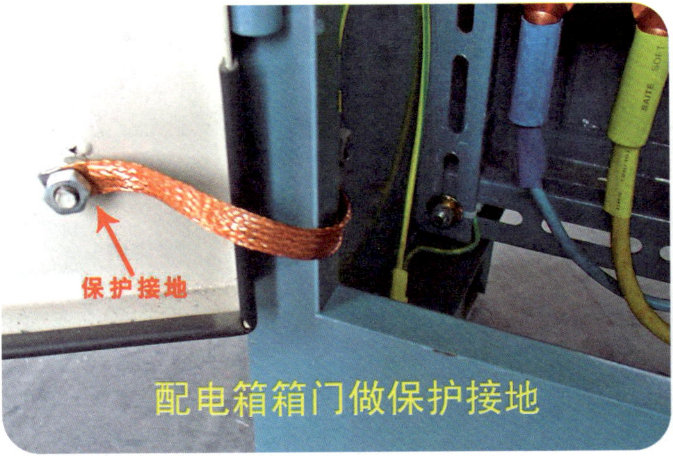

第四章 漏电保护

（1）配电箱中漏电保护器的额定漏电动作电流不应大于 30mA，额定漏电动作时间不应大于 0.1s。使用于潮湿和有腐蚀介质场所的漏电保护器应采用防溅型产品，其额定漏电动作电流不应大于 15mA，额定漏电动作时间不应大于 0.1s。

开关箱内漏电保护器额定参数

（2）分配电箱中漏电保护器的额定漏电动作电流应大于开关箱的参数。总配电箱中漏电保护器的额定漏电动作电流和额定漏电动作时间应大于分配电箱的参数。其额定漏电动作电流与额定漏电动作时间的乘积不应大于 30mA · s。

总配电箱漏电保护器参数

（3）总配电箱、分配电箱和开关箱中漏电保护器的极数和线数必须与其负荷侧负荷的相数和线数匹配。

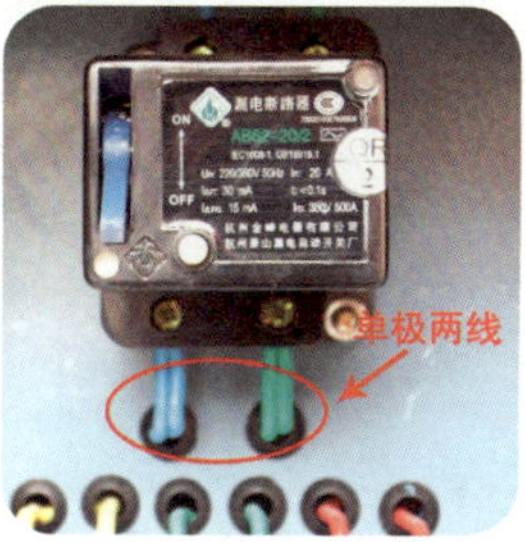

单相负荷漏电保护器

三相三线漏电保护器

三相四线漏电保护器

第五章 TN-S 系统接地要求

（1）TN–S 系统中工作零线与保护地线分开设置。

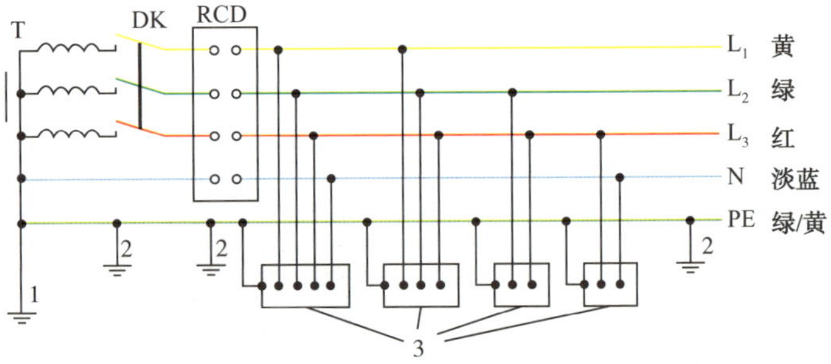

（2）在施工现场专用变压器供电的 TN–S 接地保护系统中，电气设备的金属外壳必须与保护地线连接，保护地线应由工作接地线、配电室（总配电箱）电源侧零线或总漏电保护器电源侧零线接地引出。

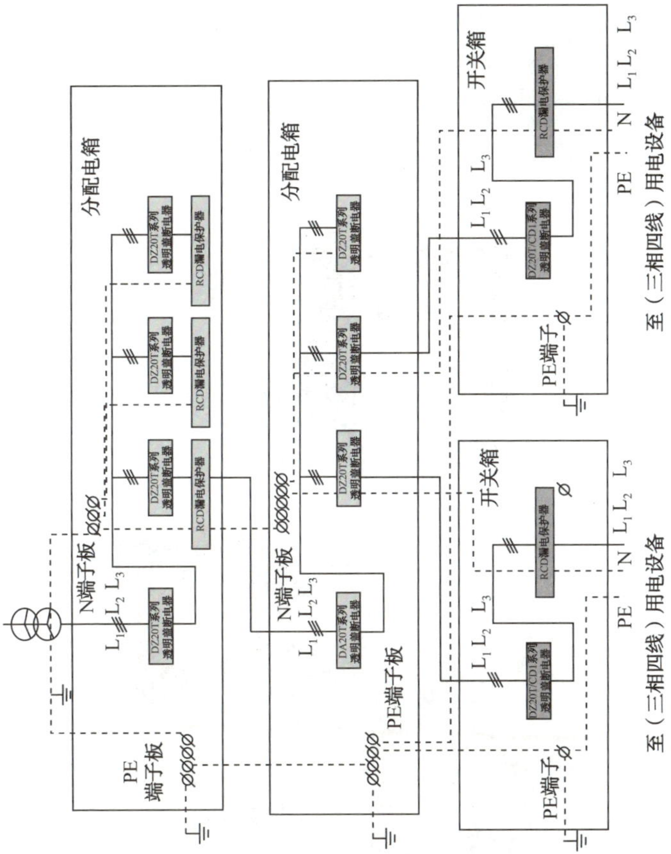
分配电箱
N端子板
PE端子板
DZ20T系列透明盖断电器
RCD漏电保护器
DA20T系列透明盖断电器
开关箱
PE端子
DZ20T/CD1系列透明盖断电器
L_1 L_2 L_3
N
PE
至（三相四线）用电设备

（3）TN–S 系统中的保护地线除必须在配电室或总配电箱处做重复接地外，还必须在配电系统的中间处和末端处做重复接地。在 TN–S 系统中，保护地线每一处重复接地装置的接地电阻值不应大于 10Ω。在工作接地电阻值允许达到 4Ω 的电力系统中，所有重复接地的等效电阻值不应大于 4Ω。

（4）配电箱金属箱体与施工机械、照明器具、电气装置金属外壳及支架等不带电的外露可导电部分应做保护接地，保护地线的连接应采用铜接头连接，禁止将导线直接用螺栓压接在端子排上，且一个连接点接线不能超过两个。用电设备的保护导体（PE）不应串联连接，应采用焊接、压接、螺栓连接或其他可靠方法连接。

保护地线的连接点

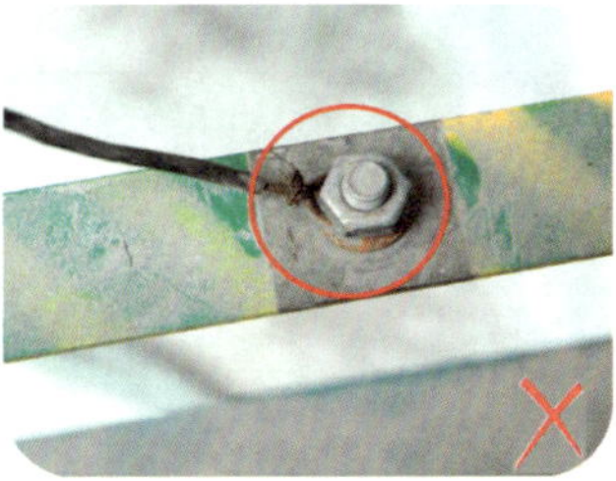

保护地线连接采用绞结连接方式（错误）

施工机械外壳保护接地

配电箱箱门做保护接地

（5）PE线所用材质与相线、工作零线（N线）相同时，其最小截面应符合下表规定。PE线的绝缘颜色为绿/黄双色线。

相线芯线截面 S/mm^2	PE线最小截面 S/mm^2
$S \leqslant 16$	S
$16 < S \leqslant 35$	16
$S > 35$	$S/2$

（6）不得采用铝导体做接地体或地下接地线（主要因为其难以与土壤紧密接触、接地电阻不稳定之故）。垂直接地体宜采用角钢、钢管或光面圆钢，不得采用螺纹钢。人工接地体的顶面埋设深不宜小于0.6m。

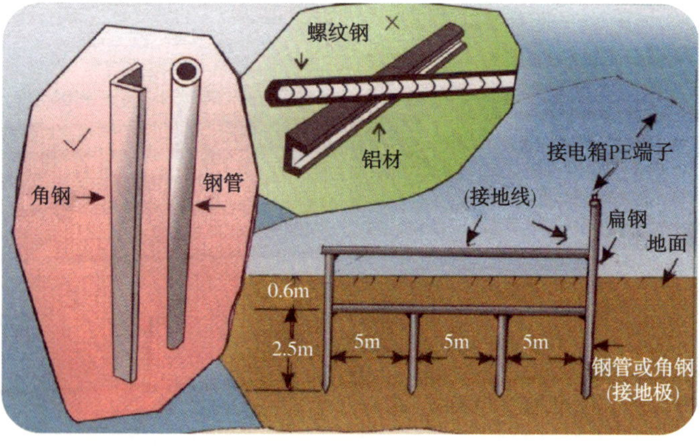

（7）当施工现场与外电线路共用同一供电系统时，电气设备的接地应与原系统保持一致。临时用电设备不宜借用现场原有用电设备接地。

第六章 焊接作业用电安全

一、相关概念

（1）电焊机

电焊机是将电能转换为焊接能量的焊机，其所使用的直流电为用特殊的变压器将 220V 和 380V 交流电变为低压的直流电。

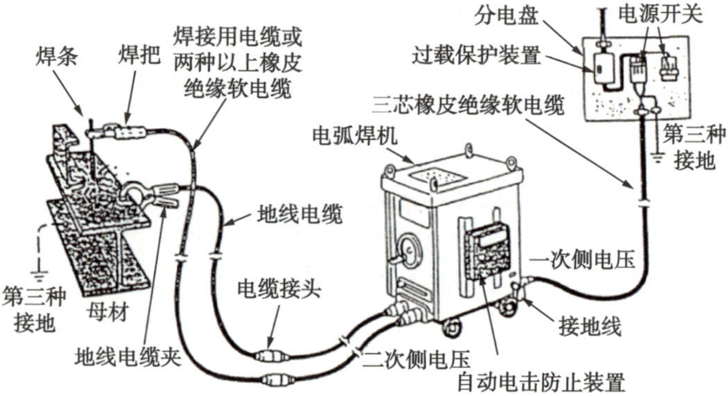

（2）焊接电缆

焊接电缆是焊机连接焊件、工作台、焊钳的绝缘导线，要具备良好的导电能力，绝缘外皮要具有轻便柔软、耐油、耐热、耐腐蚀和抗机械损伤等性能。电缆最好用整根，电缆中间不要有接头，如需用短线接长时，接头不应超过两个。接头应用铜夹子，连接必须坚固可靠并保证绝缘良好。焊接时焊接电缆应展开摆放，不能盘绕堆放。

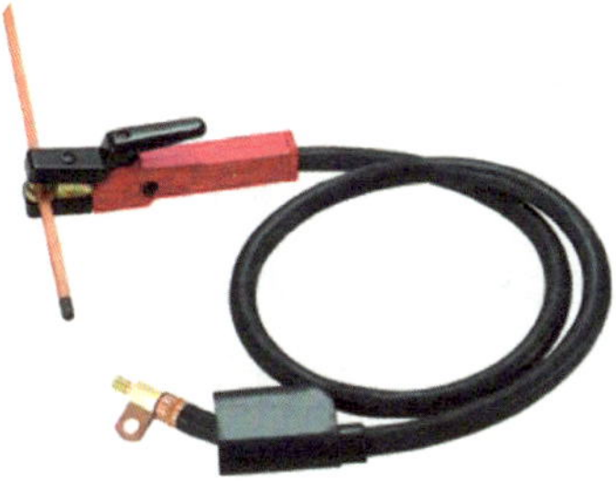

二、安全要求

（1）焊工为特殊工种，身体检查合格，持有“特种作业操作证”后，方能进行电焊作业。

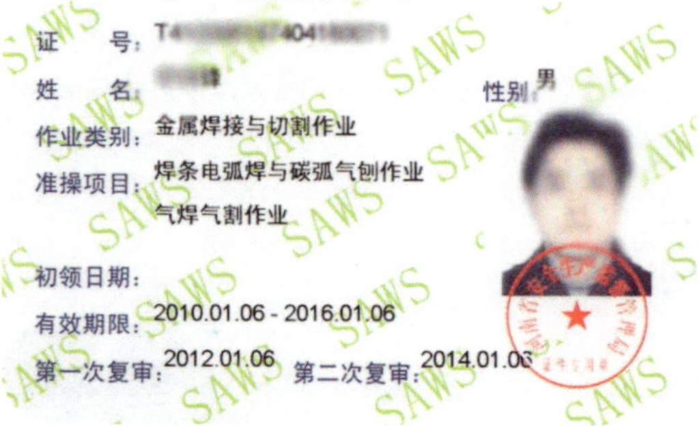

（2）电焊工劳保用品必须穿戴齐全。焊接作业人员应保证作业劳保用品性能达到国家标准要求。这是防止电击、电烧伤、电光眼、机械性伤害等的最基本和最有效的措施。

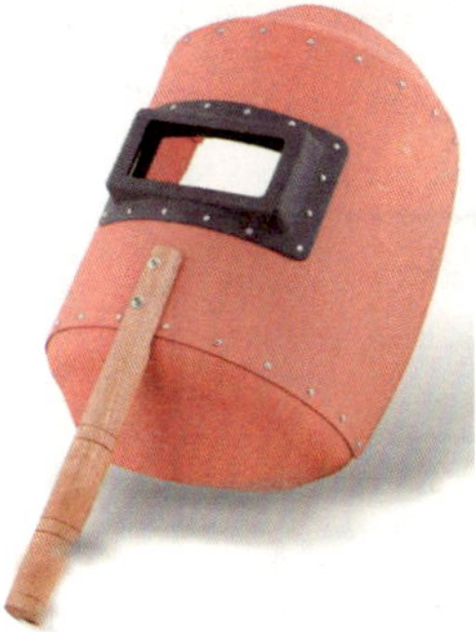

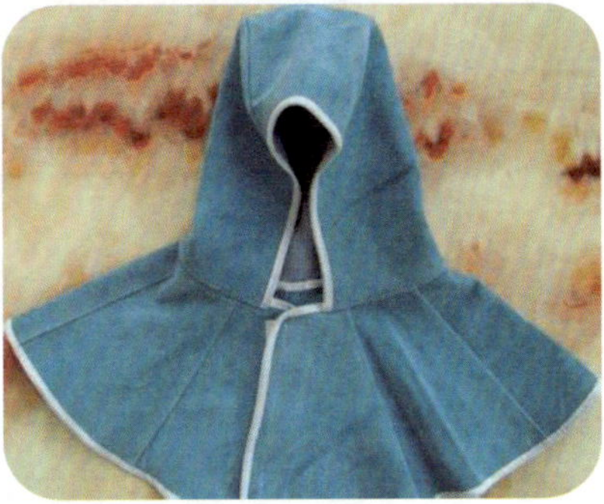

（3）电焊机必须选用合格的产品。电焊机要有防止过载的热保护装置，在调节电流的铭牌上有明显的过载指示；电焊机各导电部分之间要有良好绝缘。PE 线应连接可靠，且外壳接地电阻应小于 4Ω。

（4）一次侧电源线夹接固定，接线端以压着端子固定，外加覆盖不裸露。

（5）每台焊机应设置独立的电源开关或控制柜，并采取可靠的保护措施。一次侧、二次侧接线端子应设有安全罩或防护板屏护；线路接头应牢固，无烧损。电气线路绝缘完好，无破损、无老化。

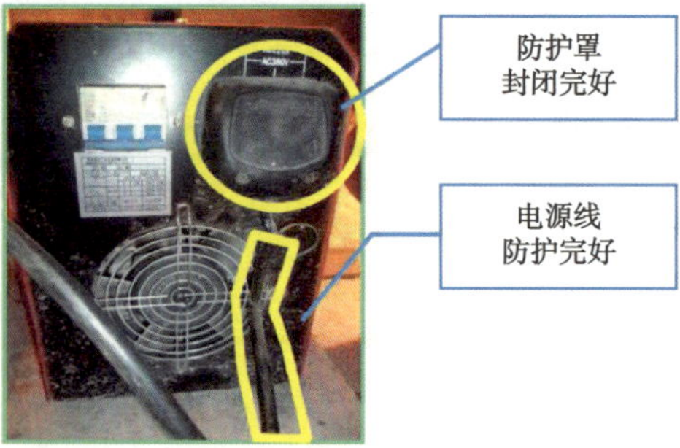

（6）独立电源开关、一次线长度≤ 5m。一旦有情况发生，可以及时方便地关闭电源开关。

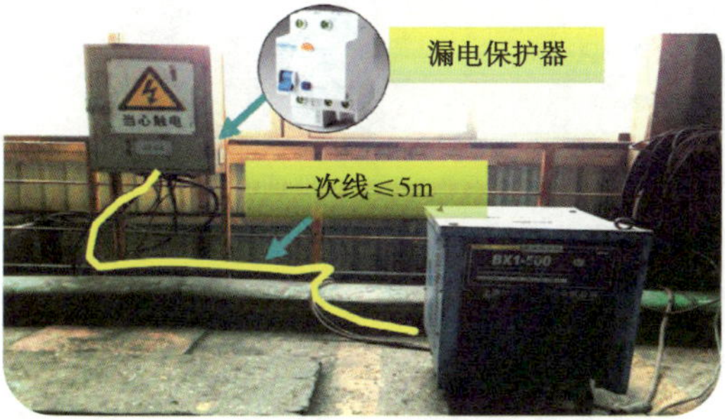

（7）如在金属容器、管道内及在金属结构上、潮湿地点以及水下、高空等处进行焊接作业，电焊机必须配装空载自动断电保护装置。空载自动断电装置是防止二次线触电事故的有效方法。

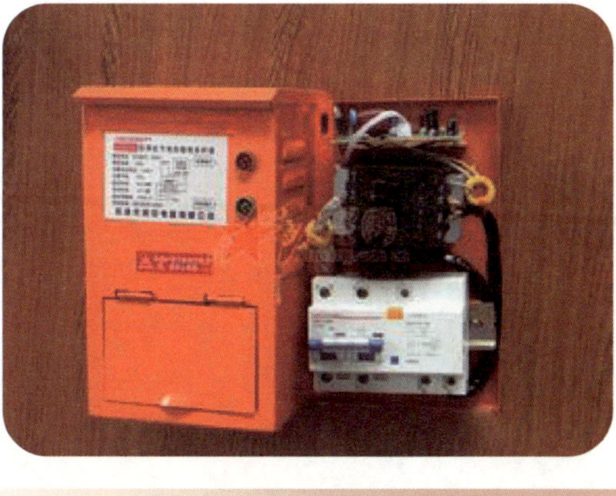

（8）严禁使用厂房构件、金属结构、轨道、管道或其他金属物搭接代替焊接电缆使用。使用这些金属物作为焊接电缆，很容易引起触电，同时会因接触不好，产生火花，引起火灾。

第七章 移动式抛丸机用电安全

一、抛丸机定义

抛丸机是利用高速抛丸器将钢丸快速推向物体表面，清除表面浮浆、锈蚀的部分，形成极其浅表的不规则“橘皮”结构，达到清理目的的电动机械设备。其工作电压为 380V、50Hz，使用过程中存在一定的安全风险。

二、安全要求

（1）操作人员在使用抛丸机时要穿防护服、戴防护眼镜、手套和耳塞，若清理有毒浮层时应佩戴防毒面具。抛丸机在工作时非操作人员勿靠近。开机前检查各仪表是否正常，特别要注意启停机开关状态，调速旋钮是否在“0”的位置。调速时，旋钮应缓慢调节，不得过快调节。开机状态下禁止拆解、维修机器。

（2）抛丸机需设置独立的送电控制开关，并满足“一机一闸一保护”要求。进入受限空间、潮湿等场所作业时，各电气元件应完好，电缆绝缘良好无破损，当电缆、物料管穿过人孔等洞铺设时，需做好防护。进行维修时必须切断电源，并在醒目位置设置警示标记。每日停工后，要切断机器总电源。

第八章

临时用电常见问题

一、电缆线问题

（1）电缆线敷设经过钢筋材料堆场被碾压。

（2）电缆线敷设未做保护措施。

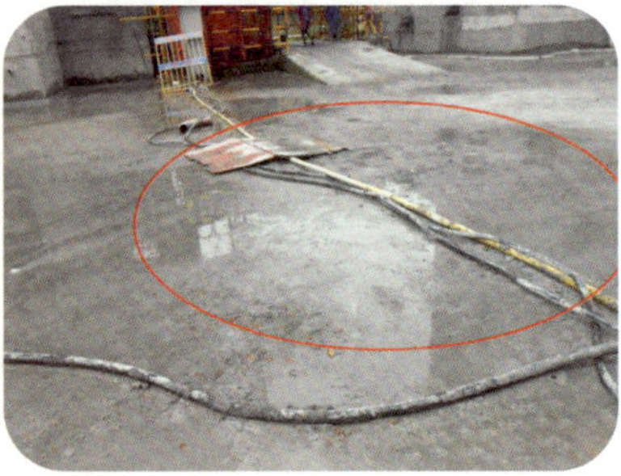

（3）电缆线接头无防水措施。

（4）电缆线接头无防水、防机械损伤措施。

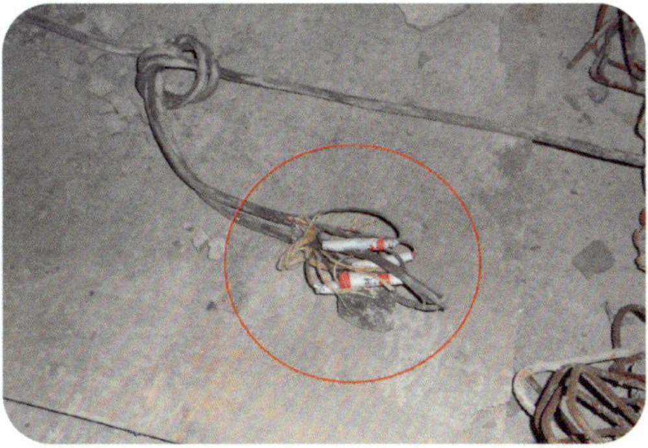

二、线路问题

（1）回路 1（下图左一）一闸多接；回路 2（下图左二）保护零线未接；回路 4（下图右一）用电线路拆除时强行拉断留有铜丝，存在严重安全隐患。

（2）电气元件过载烧毁，接线端子脱落未固定。

（3）使用保护零线作为相线；使用两芯线。

（4）私自改动漏保参数。

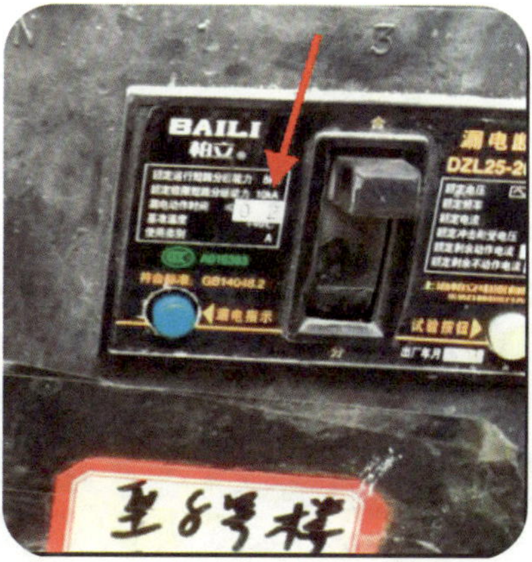

（5）一闸多用；用电未经漏保。

（6）回路 1（下图左）使用工作零线接到回路 2（下图右）的工作零线上。

（7）部分线路未经漏电保护；相线并线使用。

（8）无插头，电线直供。

三、电焊机问题

（1）电焊机没有接接地线。

（2）电焊机没有接接地线；电缆标识混乱。

（3）焊把线破损。

（4）电焊机接线柱带电明露。

（5）电焊机二次侧无防护。

（6）电焊机棚内线路互相缠绕；焊把线与其他电源线混放。

四、其他问题

（1）配电箱前堆放材料。

（2）加工区布置不合理。

（3）碘钨灯固定在内脚手架上。

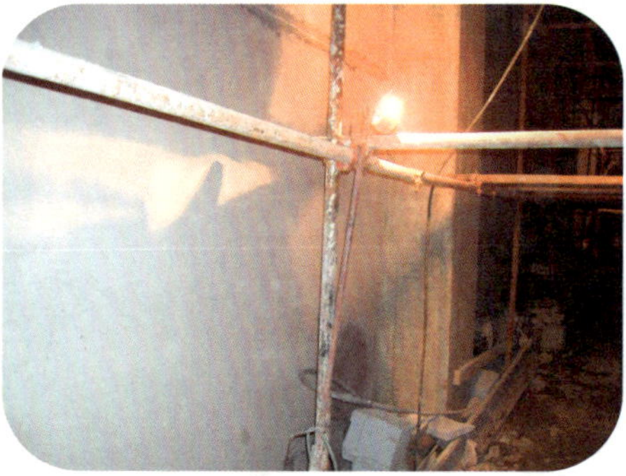